生态环境艺术·植物造景图册

FLOWERS

本图册是一部兼科普与艺术合二为一的形象读物，是一本生态环境植物参考图谱，主要介绍花卉与人类的关系，以及花卉的利用、发展、保护和花卉在城市中的作用等。是人们从必然爱美到自由爱美的素质读物。这里集中了300幅精美彩图，包括200多种花卉，分为“中国十大名花”、“观赏花木精华”、“环境花卉上品”三个篇章，17个分题。你可从花丛植株和花朵中体会到美的真谛，也可从字里行间享受到花的温馨。无意中你会升华自己的知识，又会把这本珍贵的礼品赠给知心的朋友……

NATURAL LANDSCAPE OF PLANTS
生态环境艺术·植物造景图册
花
FLOWERS
江荣先 摄影·编著
中国建筑工业出版社
CHINA ARCHITECTURE & BUILDING PRESS

图书在版编目(CIP)数据

生态环境艺术植物造景图册.花/江荣先摄.－北京：中国建筑工业出版社，2000.12
ISBN 7-112-04437-5

Ⅰ.生… Ⅱ.江… Ⅲ.①植物－生态环境－摄影集 ②花卉－生态环境－摄影集 Ⅳ.X173-64

中国版本图书馆CIP数据核字(2000)第54476号

生态环境艺术·植物造景图册

花

江荣先 摄影·编著

*

中国建筑工业出版社 出版、发行（北京西郊百万庄）
新华书店经销
北京利丰雅高长城电分制版中心制版
深圳利丰雅高印刷有限公司印刷

*

开本：889×1194毫米 1/16 印张：8 字数：300千字
2001年2月第一版 2001年2月第一次印刷
印数：1-2,500册， 定价：68.00元
ISBN 7-112-04437-5
TU·3942 (9907)

前　言

春天，人们来到郊外，只见漫山遍野一片雪白。啊！“忽如一夜春风来，千树万树梨花开”。原来是山桃和山杏正在鲜花怒放。转眼间又见那山坡上一片红艳，走近前，噢，原来是杜鹃花映红了满山。这景象仿佛在哪儿见过？是在梦境？是在童年？啊！记起来了，那是很久很久以前，我们就生活在那山花烂漫的地方。如今，大自然赋予植物本能的生殖器官，又组成了壮观的景色，以其美丽的形态和鲜艳的色彩，吸引着我们走出钢筋水泥丛林，来与久违的植物亲近，这就是花的魅力。

花，以其甜蜜的馨香招引着蜂蝶，以其艳丽的色彩引诱着鸟类和昆虫。在虫和风的媒介作用下，完成了授粉，结出了果实，繁衍了后代。就这样，在自然选择中，花的形态越来越美丽，花的颜色越来越丰富，花的香气越来越浓郁。植物界由此变得五彩缤纷，万紫千红。空气中飘散着花的芳香，沁渗着人的心脾。于是，人类开始品尝花、果和根茎，不料，它竟带给人脾胰舒畅，醒脑提神的功效。

人类从采食野果充饥，到尝过花朵、根茎，体会到人与花是密不可分的关系。同时从蒙昧中产生美欲，花，就成为人类身体上最早的装饰物。人类把花朵用藤蔓串连起来，挂在脖子上，以示体态之美。至今在南亚、新西兰和非洲一些少数民族中，仍然保留着用鲜花制成项链，妆饰打扮在欢庆活动中用花的风俗。

花伴随着人类进步的历史，已经与人们的生活息息相关，人们吃、穿、住、行都离不开花。人们用花美化环境，用花布置家居，用花点缀服饰，用花交流感情，用花传播礼仪，用花制做餐饮，用花吸引旅行。花使人的生活品位提高。花在人们不知不觉中常以主角的形象登场，大小庆典活动总是用花制造气氛。花便成为美好事物的象征。花的形象遍及社会、人文、历史、民族、宗教等各个领域。花的造型几千年前就艺术地再现于陶瓷、雕塑、绘画、纺织、建筑上，在现代音乐、美术、戏剧、影视、广告、书籍等各种载体上，更为艺术的变化莫测。人们用美好的诗句赞赏花，用优美的曲调歌颂花，用神奇的故事传颂花。由此，花不仅具有生物的生命，还有了人类的“灵魂”，“仙界”的神秘。我国自古就有不少文学作品中，把花拟成人，说成神仙的传说。比如：相传“唐代武则天诛牡丹充军”、“《聊斋》中洛阳书生常氏兄弟娶牡丹魏紫（葛巾）、玉板白为妻”等的传奇故事，都是说牡丹花是不怕迁徙的群芳之冠、花中之王。而自清代以来，就成为我国的国花。解放后，毛泽东主席以伟大诗人的笔触，在《咏梅》中用“已是悬崖百丈冰，犹有花枝俏”的佳句，蔑视国际反华浪潮，用梅花不畏严寒的大无畏精神，表现中华民族不可辱的刚毅性格。从而，梅花、牡丹也代表着国家的象征。

中国是花卉种质资源极为丰富、品种繁多的国家。山茶、杜鹃、报春花在云、贵、川的山峦中遍山皆有，桂花、水仙、兰花在浙、闽、粤的山川随处可见。世界上许多名贵花卉，都源于中国。19世纪初就被欧洲人誉为“花园之母”。的确，中国的山川自然环境中的观赏植物，不但草本花卉繁多，乔木、灌木、藤本花卉也都很丰富。为园林和城市美化环境蕴藏着大量的资源。

近年来，随着我国经济的发展，花卉事业已经展现出繁荣的景象。植物造景形成的花卉景园，在许多城市遍地开花。既供旅游观赏，又可成为产业。20世纪90年代末，《经济日报》曾报导：“广东一花商总裁算了一笔账：一亩地种粮收入3000元，种菜可收入6000元，种果树可收入8000元，而种花最少可收入10000元”。但是，经济是不能忽视市场变化的。国外的花卉产业相对比较成熟，质高价低产量大是争得市场的优势。这是花卉事业必须重视的规律。

然而，目前重要的是“保护资源环境”乃当务之急。对野生花卉的保护利用以及模拟野生花卉的环境景观，是城市环境、园林、林业、植物造景，追求艺术的源泉。大自然造就的花卉景观，在一年一度的花期极为短暂，尤其北方不风则阴又干旱的春季，见到花的美景实为可贵。因而，保护草本花卉的发源地——“草皮植被”更为重要，野花野草很值得人们珍惜。

森林中的草皮植被比草原的植被相对较为巩固，花卉种类也更复杂。因此，森林公园不仅是资源宝库，也是人们旅游观赏原生花卉的最佳去处。据国家林业局1998年公布，我国可供生态旅游的森林公园已有292个，分类为园林型、郊野型、山岳型、湖泊型、海滨型、海岛型、草原型、沙漠型、冰川型、火山型、溶洞型等，具有一定规划和管理的已达534.7万公顷，年接待游客可达5000万人次。但就这个数字比起十几亿人大国的生态需要，实在是微乎其微。2000年5月1～7日，国家规定放假7天，结果人潮的涌动，使各旅游点出现了旅游部门始料不及的尴尬，连天安门广场的草坪上都坐满了人。

其实，植物造景正是提高人们精神素质的举措。花卉的广泛栽培和利用，也是建设对市民进行素质教育的基地。例如：70年代辽宁丹东市锦江山公园到处广植金达莱，城市清新整洁，不见垃圾。80年代福建三明市的绿化美化，使城市清洁成为全国的典型。90年代江苏张家港栽花种草，规划建设，无人随地吐痰，又成全国性现代文明城市。世纪末云南安宁市，百花公园拆除围墙，免费开放，使公园与街道不分界线，结果进入公园的人比往常增加5倍。但无人践踏草坪，无人折花，无人乱扔果皮，城市还了市民一个优美的环境，市民把环境美当成自己的家园。形成名副其实的生态城市。

城市优美了，人们有了小憩之地，可以放松工作后的紧张情绪，就不一定都要跑到郊外去。当然，时间充裕了，远离住居，在大自然中陶冶性情。特别是在春季，去呼吸一下在草原上踏花的马蹄香；或是炎夏，去沐浴一下森林中的清澈雨滴，嗅一嗅那奇花异卉的芳香，该却是一番醉人的乐趣。

这本书，就是根据人们对有益身心健康的大自然的向往，给园林植物造景，设计花卉景观，提供一份通过专业摄影选择的300幅构图、用光、色调等均带有形式感和艺术性画面的图片，使设计人员若能从图中花卉的形象、色彩、成景样式中，读到可供参考和启发灵感的信息，作者将会感到无尚的欣慰。但由于水平所限，可能离读者的要求相距甚远，书中还难免还有错误，敬请专家和广大读者不吝赐教。

作者

2000年5月12日

目　录

□白花直枝梅……11
■中国十大名花（文）……12
□粉花直枝梅……14
梅花　傲骨冰肌
红岭二红……16
红花直枝梅……16
龙游……17
米单绿……17
宫粉……17
朱砂……18
腊梅……18
牡丹　国色天香
□玉板白……19
艳桃红……20
赵粉……20
玉骨冰肌……20
软玉温香……20
玉盘献果……21
粉荷……21
红霞映日……21
白雪塔……22
杨妃插翠……22
青龙卧墨池……22
魏紫与粉荷……22
冠世墨玉……22
菊花　高风亮节
□绿色艺菊……23
黄菊……24
黄菊……25
白花球型艺菊……25
黄花翻卷型艺菊……25
粉花疏管型艺菊……25
麦杆菊……26
大滨菊……26
白花小菊……26
红花小菊……26
兰花　空谷幽香
□西藏虎头兰……27
秋兰……28
蕙兰……29
白花墨兰……29
墨兰……29
石斛……29
蝴蝶兰……30
卡特兰……30
月季　花容月貌
□黄花月季……31
紫红月季……32
红花月季……32
黄玫瑰……33
白玉丹心……33
黄花月季……33
战地黄花……33
粉黄月季……34
卷瓣月季……34
淡妆浓抹……34
玉面胭脂……34
紫绒袍……35
火焰红……35
微型月季……35
杜鹃　呕心沥血
□毛白杜鹃……36
套筒东洋鹃……37
花边西洋鹃……38
粉红西洋鹃……38
紫红西洋鹃……38
映山红……39

目　录

云锦杜鹃 …… 39

山茶 繁华似锦

□山茶花 …… 40

卷瓣山茶 …… 40

重瓣山茶 …… 40

粉红山茶 …… 40

桃红山茶 …… 40

山茶植株 …… 41

金花茶 …… 42

油茶花 …… 42

荷花 崇高圣洁

□荷花 …… 43

白荷花 …… 44

红荷花 …… 44

午梦扁舟花底 …… 44

粉荷花 …… 45

香满莲湖烟水 …… 45

白花睡莲 …… 46

红花睡莲 …… 46

粉花睡莲 …… 47

黄花睡莲 …… 48

埃及黄睡莲 …… 48

埃及红睡莲 …… 48

埃及蓝睡莲 …… 48

王莲 …… 49

萍蓬莲 …… 49

凤眼莲 …… 50

欠实 …… 50

桂花 秋风送爽

□桂花 …… 51

桂花（金桂） …… 51

水仙 凌波仙子

□水仙 …… 52

喇叭水仙 …… 52

丁香水仙 …… 52

□木棉花 …… 53

■观赏花木精华（文） …… 54

□紫丁香 …… 56

乔木花

羊蹄甲 …… 58

洋紫荆 …… 58

凤凰花 …… 59

黄槐 …… 59

广玉兰 …… 60

蒲桃 …… 60

刺桐 …… 60

玉兰 …… 61

二乔玉兰 …… 61

木莲 …… 62

鹅掌楸 …… 62

苹婆 …… 62

移栋 …… 63

大花紫薇 …… 63

日本晚樱 …… 64

云南樱花 …… 64

西府海棠 …… 65

多花海棠 …… 66

垂丝海棠 …… 66

紫碧桃 …… 66

碧桃 …… 67

白碧桃 …… 67

二乔碧桃 …… 67

垂枝碧桃 …… 68

桃 …… 68

榆叶梅 …… 69

白梨 …… 71

苹果 …… 72

文冠果 …… 72

目　录

夹竹桃 73
黄花夹竹桃 73
鸡蛋花 73
山里红 73
垂枝榆 74
流苏 74
杨桃 74

灌木花

□木瓜海棠 75
贴梗海棠 76
云南含笑 77
白鹃梅 77
黄刺玫 77
郁李 78
棣棠花 78
洗李 78
丰花月季 79
菱叶绣线菊 79
绣球花 79
琼花 79
猬实 80
锦带花 80
紫荆 80
云实 81
金银木 81
洋金凤 81
金合欢 82
红千层 82
银柳 82
美蕊花 82
黄栌 82
米兰 82
白丁香 83
紫丁香 83
太平花 83
重瓣紫丁香 83
檵木 83
紫薇 83
迎春 84
连翘 84
风铃花 85
吊篮花 85
黄花扶桑 86
灰莉 86
栀子 86
扶桑 87
九里香 87
黄钟花 88
黄蝉 88
可爱花 88
玉树珊瑚 88
刺五加 88
叶子花 89
红桑 89
一品红 89
虎刺梅 90

滕本花

□野蔷薇 91
野蔷薇 92
大花凌霄 93
美国凌霄 93
重瓣黄木香 93
重瓣白木香 93
盘叶忍冬 94
炮仗花 94
紫藤 94
倒挂金钟 95
大花铁线莲 96

目　录

长春花 96
□雏菊 97
■环境花卉上品（文）........ 98
□芙蓉葵 100
草本花　一二年生
雏菊 102
小菊 102
波斯菊 104
孔雀草 104
万寿菊 104
大丽花（小丽花）........ 104
蓬蒿菊 104
紫鹅绒 104
报春花 105
多花报春 105
石竹 106
矮雪轮 106
大花马齿苋 106
罂粟 107
虞美人 107
紫花地丁 107
红蓼 107
□海芋 108
草本花　宿根类
花毛茛 109
芍药 110
芙蓉葵 110
地涌金莲 111
矮牵牛 112
白鹤芋 112
耧斗菜 112
蜀葵 112
美女樱 113
细叶美女樱 113
大花酢浆草 113
多花酢浆草 113
四季秋海棠 114
裂叶秋海棠 114
金鱼草 115
虾衣花 115
蒲包花 115
□郁金香 116
草本花　球茎类
麝香百合 118
吊兰 118
风信子 118
丝兰 119
鸢尾 119
唐菖蒲 119
马蔺 120
葱兰 120
狭叶牵牛 120
贝母 121
红花石蒜 121
朱顶红 121
玉簪 122
毫华凤梨 122
艳山姜 122
□令箭荷花 123
草本花　多浆类
蟹爪兰 123
仙人掌 124
仙人柱 124
星球 124
龙舌兰 124
星球 125
向日葵 126
索引 127
后记 128

白花直枝梅

中国十大名花

中国传统名花，是指产于本土，栽培历史悠久，在人们生活中应用广泛，有历史文化记载，并深受人们喜爱的花卉。它们是梅花、牡丹、菊花、兰花、月季、杜鹃、山茶、荷花、桂花、水仙。这十大名花，是1985年经过天津《大众花卉》杂志发动评选名花之后，又由上海《园林》杂志社、上海文化出版社、上海电视台联合向全国发起评选十大名花的活动，历时三个多月，收到选票149018张。不仅30个省、市、自治区都参加了评选，还收到旅居海外（美、加、澳、德、保、日、伊等）的侨胞寄来的选票。广大爱好者对花卉事业的空前热情和隆重的历史性公论，是对祖国花卉事业的一次大检阅。活动中百名专家学者认真追溯原产，作出科学鉴定，使“中国传统十大名花”的称谓，更准确，更科学，更具全面性和权威性，给文学艺术作品对名花的创作描绘统一了标准，确认了定论。

这十大名花，在中华文化史上有着深远的影响。自唐代以来，就留有大量史料，许多诗词、杂记和专著，如唐代的《早梅》、秦汉时期的《西京杂记》、宋代的《梅谱》、明代的《群芳谱》、清代的《花镜》等，都记载了名花的特征、习性、栽培、观赏、应用等。也有不少文学作品如《聊斋》、《红楼梦》运用传奇故事塑造名花的美妙形象。《聊斋》中的香玉、绛雪（牡丹）、耐冬（茶花）、黄英（菊花）、瑞云（荷花）等，就是用传奇故事把花拟成美艳佳人与爱花的才子相恋相依，感染读者。《红楼梦》中的妙玉（梅花）、宝钗（牡丹）、晴雯（兰花）、探春（玫瑰）、香菱（莲藕）等，又都是以花喻人的手法脍炙人口。

十大名花在人们心目中早已根深蒂固，尤其对梅花和牡丹的诗词文赋和典型描绘，更是赞不绝笔。

梅花，傲骨冰肌

梅花不畏严寒，在花期之前“凌寒独自开放”，唐诗：“一树寒梅白玉条，回临村路傍溪桥。不知近水花先发，疑是经冬雪来销”和“梅衰未减态，春嫩不禁寒”的感叹，都表达出梅花傲霜斗雪的特征。因而自古便博得人们的喜爱。

随着历史的进程，人们对梅花的热爱，从观赏绿化环境，发展渗透到生活的各个方面。人们用“梅花”装饰建筑、家具、服饰、器皿，国家发行的金币，也用梅花做图案。人们的衣食起居都有梅花来相伴。梅花的药用、食用价值显为人知。《红楼梦》中有一段药用梅花的故事，说：“薛宝钗幼时得了一种病，什么仙医神药都不管用。后来，有个和尚给开了一副方子，其中一味药便是冬天的白梅花蕊12两，于来年春分晒干，与和尚给的药末子合研，用‘雨水’的水，‘白露’的露，‘霜降’的霜，‘小雪’的雪各12钱，调匀和药，加蜂蜜、白糖各12钱，团成丸置坛中，埋于梅花根下，病发时用12分黄柏，煎汤送服，果然见效。”以后，人们还用梅花做蜜清梅花汤、梅花粥、梅花蒸溜露、梅花茶，用梅果做蜜饯，果酱、话梅等，梅根、梅叶、梅梗均可入药，治疗痢疾、霍乱等多种疾病。

梅花从观赏、应用，到“寒花带雪，孤瘦争春”的品格，无不被人们所尊崇，成为人们坚强意志和献身精神的象征。历史上的爱国诗人、民族英雄、革命志士，都以梅花的刚毅性格，比拟自己的斗争精神和坦荡胸襟。辛亥革命以后，有不少学者撰文推荐，用梅花作为中国的国花。著名梅花专家陈俊愉教授，建议用梅花候选国花，已被人大常委会列为正式提案。

牡丹，国色天香

牡丹花朵硕大，多为成片栽植，春季开放时一片富丽堂皇，蔚为壮观。诗人刘禹锡“唯有牡丹真国色，花开时节动京城”的赞誉，反映出古代人们热爱牡丹，观赏季节倾国倾城的盛世动人情景。

据史料记载，牡丹最早见于《神农本草经》，有1500多年的栽培历史。牡丹盛地有长安（今陕西西安）、洛阳（今河南洛阳）、曹州（今山东菏泽）、天彭（今四川彭县）、亳州（今安徽亳县）等地。唐代国都长安与东都洛阳两京并重，宫庭兴建园林，影响到公卿贵族纷纷修造官邸，使长安崇尚牡丹的潮流传到洛阳。

宋代文学家欧阳修在洛阳为官三年，被洛阳牡丹所感动，撰著了《洛阳牡丹记》，写道：“洛阳之俗，大抵好花，春时，城中无贵贱皆插花，虽负担者亦然。”说当春天牡丹花开时节，全城人不分贫富老幼，争相出动观花，花农组成市场，搭起荫棚，并有艺人助兴，热闹非凡，直至花落。说当时著名牡丹品种就有24个，其中以住在郊区的姚姓人家培育的“姚黄”和曾任过后周宰相的魏仁溥家培育的“魏紫”为最佳。人们称“姚黄”为花王，称“魏紫”为花后。欧阳修还把当时青州、越州、延州的牡丹与洛阳牡丹相比较后说：“洛阳者为天下第一也。”从此，“洛阳牡丹甲天下”和名贵品种“姚黄”、“魏紫”便流传至今。

牡丹不仅雍容华贵，应用价值也很广泛。据甘肃武威汉墓出土的竹简，有牡丹治疗“血瘀病”的处方证实，早在汉代已始为药用。

牡丹从始盛于唐代，甲天下于宋代，繁盛于明代，到清代曹州、洛阳牡丹便名扬四海，成为国花。战争年代，洛阳、菏泽牡丹，遭到严重破坏。建国后，周恩来总理非常重视对“国花”的挽救。在政府和科技人员的努力下，很快使牡丹恢复生机。近年，又经杂交改良，育种繁殖等多种技术手段，使牡丹遍及全国各地，国色天香的美名优于历史任何时期。尤其洛阳，每逢4月，十里长街便汇成牡丹花的海洋，吸引着世界各国的游客前来观光，得到天下人叹为观止的赞赏。

十大名花的典故、传说，如同其花朵本身一样丰富多彩，其例举不胜举。

菊花，高风亮节

早在5000年前，神农氏就将菊花作为上等药品，并在书中记载“南阳郦县有菊潭，饮其水者皆寿”。以后人们争相把菊花移植居家井旁池边，开始饮用菊花茶。

兰花，空谷幽香

孔子赞：“芝兰生于深谷，不以无人而不芳。”说明兰花的清高气质。春秋末期，越国战败，越王勾践卧薪尝胆，在浙江诸山种植兰花迷惑吴王夫差，这是栽培兰花的最早记载。

月季，花容月貌

17世纪英国东印度公司把中国月季传入欧洲，后经园艺师培育，改良成现代月季，花色品种变得美妙绝伦，还成为主要的香料，轰动整个欧洲。被人誉为花中皇后。

杜鹃，呕心沥血

人们见到“映山红”，就会想到子规鸟和“杜鹃啼血”的传说：“古代蜀国有个国王把帝位让给相国，自己隐居山中，不久死去。后来人们怀念说，他的灵魂化为子规鸟，每逢暮春，便悲凄地啼着“不如归去，不如归去……的叫声，叫得口流鲜血，滴遍山野，化作满山杜鹃花。”后来人们珍爱杜鹃花，把它看作慈祥的象征。

山茶，繁华似锦

金花茶为中国特有。19世纪苏格兰人罗伯特·福穹 (Robert Fortune) 几经远征来中国寻求黄色茶花，后当他带回的黄色品种苗木开花时，仍为淡黄色，令他失望。1979年日本人从广西把金花茶种子带出中国，制造了山茶界的重要事件，以后又传到欧美。

荷花，崇高圣洁

是由于生在泥里，长在水面，出污泥而不染，被奉为神圣的象征，成为佛教崇敬的吉祥物。古人还把农历六月二十四日定为荷花的生日。据考证，莲属植物早在被子植物兴旺之前，地球北半部水域已有分布。距今约一亿三千五百万年之久。我国浙江余姚“河姆渡文化”遗址中发现的莲花粉化石，距今也有7000年的历史。

桂花，秋风送爽

每逢农历八月，桂花飘香时节，人们总会把中秋与月圆联系在一起。唐·宋之问“桂子月中落，天香云外飘。”便说的是“吴刚伐桂”的故事。毛泽东词《蝶恋花·答李淑一》：“问讯吴刚何所有？吴刚捧出桂花酒。寂寞嫦娥舒广袖，万里长空且为忠魂舞。”四句，概括了李商隐的《嫦娥》和曹植的《仙人篇》，用桂花酒（仙人的饮料）对天上和人间表达美好的祝愿。

水仙，凌波仙子

传说：“天上王母侍女水仙子，在银河洗宝镜时，看见凡间青年龙哥后失神，把宝镜摔成九片，变成漳州九个湖，水仙子不敢返回天宫，便与龙哥成亲。后来水仙子在湖边洗衣时，突然狂风大作，飞沙走石，水仙子被天兵天将投入湖中，龙哥闻讯赶来营救，也遭残害。过后，湖面生出一丛青翠挺拔的花草，白色小花散发着清香，花基根部还培着几粒圆润的卵石。人们说：那卵石是龙哥的化身，鲜花就是水仙。以后，人们把水仙看作仙草，必然也会派作药用。《本草纲目》说：“其根捣烂，可治烫伤，并有利尿功能。”花又可制上等高级香料。

中国传统十大名花，经过千年、几千年的栽培历史，从几种、几十种，发展到几千种。从古代宫庭观赏，到现代社会应用，从人类精神需求，到社会物质必备，在中国历史上都形成系统的文化积淀。它从古代的“仰韶文化”、“河姆渡文化”背景，发展到现代文明社会中不可缺少的高雅物质，都反映了花卉与人类的不解之缘，它是当代物质财富，也是中华民族的精神。让十大名花在植物界放射更辉煌的异彩。

粉花直枝梅

梅花　傲骨冰肌

梅花，又名春梅、干枝梅，中国有200多个品种，栽培历史3000多年。

梅花为蔷薇科落叶小乔木。野生种分布广阔，在滇、川、鄂、藏、粤、台等山区，从低山海拔100米至高山3300米处均有分布。花期从南至北为12月至翌年4月，在严寒中孕蕾开花，色泽淡雅，暗香独韵，有白、粉、红、暗红、淡绿等色。枝干形态苍劲，被人们与松、竹并论，誉松、竹、梅为"岁寒三友"和"花魁"。

3. 红岭二红
4. 红花直枝梅
5. 龙游
6. 米单绿
7. 宫粉

3

4

5

6

7

8. 朱砂
9. 腊梅

牡丹　国色天香

牡丹，又名木芍药、洛阳花、富贵花，有462种以上，栽培历史1500多年。

牡丹为毛茛科，落叶灌木。4、5月开花，花朵硕大，色彩绚丽，姹紫嫣红。有白、黄、粉、红、紫、黑、绿及渐变色等。花形姿态雍容华贵，有单瓣、重瓣、多重瓣等，形态各异。高雅的香气可分幽香、馨香、清香、芳香等，沁人心脾。传统名贵品种有姚黄、魏紫、玉板白等，被人看做富贵吉祥、繁荣昌盛的象征，誉为“国色天香”和“花中之王”。

玉板白

11

12

13

14

11. 艳桃红
12. 赵粉
13. 玉骨冰肌
14. 软玉温香
15. 玉盘献果
16. 粉荷
17. 红霞映日

18. 白雪塔
19. 杨妃插翠
20. 青龙卧墨池
21. 魏紫与粉荷
22. 冠世墨玉

菊花　高风亮节

菊花，又名秋菊、九花、黄花，有3000多种，3000多年的栽培历史。

菊花，为菊科多年生草本植物。秋季开花直至入冬，花期很长，花色有白、黄、红、紫等，变种很多，花形姿态万千。每当秋风萧瑟，百花凋零之际，菊花便绽开秀美的英姿，凭着靓丽的色彩，飘着果味的浓香，吸引着人们对于百草的痴迷。它傲霜餐露的特性，被中华民族看做勇敢坚强的象征，故有梅、兰、竹、菊“四君子”之美称，又被誉为“高风亮节”。

23. 绿色艺菊

黄菊

24. 25. 黄菊
26. 白花球型艺菊
27. 黄花翻卷型艺菊
28. 粉花疏管型艺菊

25

26

27

28

29. 麦杆菊
30. 大滨菊
31. 白花小菊
32. 红花小菊

兰花　空谷幽香

兰花，又名山兰、幽兰、芝兰，种类繁多，我国栽培2000多年。

兰花是兰科多年生草本植物，中国兰花，主要是指兰科中建兰属的春兰、蕙兰、建兰、墨兰、寒兰五个地生种。春兰2～4月开花，蕙兰也称夏兰，4、5月开花，建兰又称秋兰，7～9月开花，寒兰11～1月开花，墨兰还称报岁兰，1～3月开花。兰的花朵，不同品种色彩形态差异很大，叶和茎也有很大区别。但一般为直立状，显示着挺拔青秀、高雅的姿态。由于兰花品质刚毅秀美，幽香馥郁，被人誉为“空谷佳人”和“国香”。

33. 西藏虎头兰

秋兰

34. 秋兰
35. 蕙兰
36. 白花墨兰
37. 墨兰
38. 石斛

39. 蝴蝶兰
40. 卡特兰
41. 黄花月季

月季　花容月貌

月季，又名长春花、月月红、胜春，有几千个品种，中国栽培2000多年。

月季为蔷薇科常绿或半常绿直立灌木。一年中三季有花，花朵艳丽，香味芬芳，品种变化颇多，花容姿态变化万千。大体分古代月季和现代月季两大类。常见的现代月季中又分大花月季、多花月季、微型月季、聚花月季、杂种玫瑰、藤本月季、香水月季、原种月季等。古代月季多用于培育新品种的优良基因。由于月季色彩容貌美丽动人，被世人誉为“花中皇后”。

黄花月季

42. 紫红月季
43. 红花月季
44. 黄玫瑰
45. 白玉丹心
46. 黄花月季
47. 战地黄花

42

43

45

46

47

44

48
49
50
51

52

53

54

48. 粉黄月季
49. 卷瓣月季
50. 淡妆浓抹
51. 玉面胭脂
52. 紫绒袍
53. 火焰红
54. 微型月季

杜鹃　呕心沥血

杜鹃，又名映山红、山踯躅，中国有530多种，约2000多年的栽培历史。

杜鹃为杜鹃花科常绿或落叶乔木和灌木。同属植物有6、7百种，大树杜鹃在云南山区最为典型，高黎贡山有一株胸径超过1米、高达20多米的杜鹃王，为国家二级保护植物。杜鹃4～6月开花时，漫山遍野一片红艳。大花杜鹃色彩灿烂夺目，壮观如云。民间俗称杜鹃为"映山红"，被誉为"花中西施"。

55. 毛白杜鹃

套筒东洋鹃

57

58

59

57. 花边西洋鹃
58. 粉红西洋鹃
59. 紫红西洋鹃
60. 映山红
61. 云锦杜鹃

60

61

山茶　繁华似锦

山茶，又名茶花、山茶花、耐冬，中国有65种，1000多年的栽培历史。

山茶是山茶科常绿灌木或小乔木。11月至次年4月开花，花期很长。中国山茶大体分滇茶花、金花茶、川茶花、浙茶花等。花色以红、紫红、粉红为主，有白色、乳白、淡黄色等。金花茶为金黄色，世界罕见名贵种，80年代前中国广西独有。山茶、花大美丽，仿佛英雄配戴的光荣花，被誉为“花中珍品”。

62. 卷瓣山茶
63. 重瓣山茶
64. 粉红山茶
65. 桃红山茶
66. 山茶植株

62

63

64

65

山茶植株

67

68

67. 金花茶
68. 油茶花
69. 荷　花

荷花　崇高圣洁

荷花，又名莲花、水芙蓉，有160多个品种，1600多年的栽培史。

荷花为睡莲科多年生水生植物。6、7月开花，花色多为粉红色，也有红色、淡紫色、白色、淡黄色等。花型有单瓣、重瓣、复瓣等，名贵种属并蒂莲、红台莲和古莲。供观赏的荷花品种很多，分塘莲、缸莲、碗莲三大类，并依用途又分为花莲、子莲、藕莲三个系统。荷花亭亭玉立，淡雅清香，花、叶出污泥而不染，被人奉为纯洁神圣的象征，被誉为“水中芙蓉”。

荷花

70

71

72

74

73

70. 白荷花
71. 红荷花
72. 午梦扁舟花底
73. 粉荷花
74. 香满莲湖烟水

75

76

77

78

75. 77. 白花睡莲
76. 78. 80. 红花睡莲
79. 粉花睡莲

79

80

81

82

83

84

81. 黄花睡莲
82. 埃及黄睡莲
83. 85. 埃及红睡莲
84. 埃及蓝睡莲
86. 王莲
87. 萍蓬莲

85

86

87

88. 凤眼莲
89. 欠实

桂花　秋风送爽

桂花，又名木樨、九里香、岩桂，中国有27个品种，2500年以上的栽培史。

桂花为木樨科常绿乔木或灌木。9、10月开花，芳香四溢。在十大名花中是唯一密伞形花序的一种，单个花朵很小，直观花团锦簇。《本草纲目》将其分为银桂（白色）、金桂（黄色）、丹桂（桔红色）三个品种。《花镜》又按不同花期分为四季桂和月月桂两个品种。如遇三色、五种桂花同时开放，那扑鼻的甜甜浓香，使人心旷神怡。被誉为“秋风送爽”。

每逢八月中秋，桂花飘香，在那月圆之夜，当你漫步绵延数里桂花的太湖之滨，当你游览桂花成林的西子湖畔，沉浸在桂香温馨的甜蜜中，你会浮想联翩，甚至你会觅寻着那馨香的轨迹，追溯到玉兔冰轮的广寒宫，去摇曳那桂树的枝干。顿时，那金色的、银色的桂花，像从天女的花篮中洒下，细雨般飘落在你的头上，飘落在你的全身，你会神奇般的醉去。

90. 91. 桂花(金桂)

92. 水仙
93. 喇叭水仙
94. 丁香水仙

水仙　凌波仙子

水仙，又名水鲜、雅蒜，中国有2个品系，30多个变种，栽培历史1000多年。

水仙为石蒜科球茎花卉，是多年生单子叶草本植物。1、2月开花，白色花瓣，花冠金黄，温柔和谐，清香宜人。寒冬腊月，一盘清水，几粒石卵，培植着几头蒜形球根，不久，从青翠的叶片中抽出挺拔的花茎，在万物复苏之前，开出素雅芳菲的花朵，给人带来春的信息，被誉为“凌波仙子”。

木棉花

木本观赏植物，在花卉植物造景中属于优良种类。我国从20世纪80年代初至90年代末，经过近20年长期栽培、选育、杂交等科技手段，筛选出许多可被全国园林绿化部门公认的优良种质，对确认为较好的观花材料，已普遍在各地推广应用。

木本观赏植物特点很多，可以从几个方面来认识。首先我们见到的是植株高大、形象壮观的材料。这里包括高大乔木、小乔木和灌木。它们无论花期、叶期、果期，都会形成优美景观。而一旦我们注意，这些乔木、灌木，绝大多数都是开花的植物，而且依不同树种，可持续春、夏、秋三季有花。

木本植物的花朵类型很多，这里大体归纳为四大类，即：大花型、繁花型、奇花型、微花型。例如：木棉、洋紫荆、玉兰、牡丹、月季、山茶、扶桑等归大花型；榆叶梅、西府海棠、碧桃、樱花、杜鹃等归繁花型；蒲桃、刺桐、檵木、云实、叶子花等归奇花型；苹婆、桂花、丁香、米兰、金合欢等归微花型。就凭这些大小不同，形态各异的花型，就组成了一个奇妙的繁花世界。我们知道，大花型植物有乔木，有灌木。繁花型植物多为小乔木，也有灌木。奇花型和微花型植物则是乔木、小乔木、灌木均有。它们在造景选择应用上有很大的自由度，可根据不同景观配置，决定花型对景观效果的作用。

木本花的色彩也很丰富，暂且也把它归纳为四大类，即：鲜艳型、靓丽型、淡雅型、朴实型。比如：凤凰花、锦带花、紫碧桃、紫荆、蔷薇等为鲜艳型；文冠果、黄槐、迎春、连翘等为靓丽型；白梨、移柍、白鹃梅、紫藤等为淡雅型；太平花、鸡蛋花、可爱花、虎刺梅等为朴实型。色彩是描绘图景的典型材料，花木色彩在景观配置艺术中起着举足轻重的作用。色彩对人的视觉有强烈的吸引力，常常仅凭一片红色、一片黄色或是五彩缤纷，就足以构成对观赏者的诱惑。而色彩斑斓，姿态万千的木本花朵，在植物园中，在街巷绿地，在庭院小区以不同的高度空间，悬浮在人们面前、头顶、眼下，可想而知，定会给人造成愉悦的心理环境，使人得以精神的享受。大多数与人站立、行走高度相适应的花朵，在人们出门入室都不离视觉的环境，那是多么美妙的境界。

木本花再一个特点，是香气四溢。不妨也分四个类型，即：幽香、馨香、芳香、醇香。譬如腊梅、玉兰、含笑等为幽香型；丁香、刺槐、九里香等为馨香型；月季、栀子、木香等为芳香型；桂花、米兰、沙田柚等为醇香型。而更多的木本花都具有淡雅清香的特征。在开花时节，阵阵微风汇成满园飘香的生态环境，将是游人最为依恋的去处。

再就是木本植物一般都具有自然的形态美。植物造景更多方面体现于“装饰艺术”门类，而“装饰艺术”最讲究“形式感”和“造型美”。木本植物材料就具备这种形态特征。假设一丛丁香，春季看花，嗅香味，夏季观叶，而秋冬则可赏形。有的丁香老干自然弯曲的形状非常优美，疏密有致的枝条冬季还可托住瑞雪。那雪压弯枝的自然景观，是画家、雕塑家们难得的艺术素材。如果你阅读本画册时稍加留意，会发现本书姊妹篇《树》中“北京展览馆的丁香”即是典型的形态美的观赏植物。

从以上对木本观赏植物的研究，我们发现：花繁、叶茂、色艳、味香、形美是木本植物的主要特征。经过各地的栽培取得的经验还证实，木本观赏植物不仅种类繁多，而且生长地域适应性很强，不论热带、亚热带或寒温带，只要管理得当，均可成活，且枝繁叶茂。栽植木本花树木，虽然技术稍复杂，周期稍长，只要选苗适度，一般次年即可开花。有的如榆叶梅，当年移植，当年就可观赏满枝繁花。如果配置得体，植株疏密恰当，自然杂交效应也十分显著。只要稍加管理，来年开花，即可比当年开花鲜艳，甚至会有明显的变异，这也是木本观赏植物群落中常见的自然现象。因此，木本观赏植物是百花园中优选植物造景的精华，栽培木本观赏植物，是有较“长期永续利用”意义的举措。

紫丁香

97

98

乔木花

97.

羊蹄甲

苏木科，落叶乔木（热带树种）。叶革质，先端二裂，形似羊蹄。花期三季，花淡紫红色或白色，有芳香。

98.

洋紫荆

苏木科，落叶乔木（热带树种）。叶革质。花期三季，花粉红色，有芳香。

99. 100.

凤凰花

又名凤凰木，苏木科，落叶乔木（热带树种）。二回羽状复叶。春夏开花，花艳红色。

101.

黄槐

又名金凤，苏木科，常绿小乔木（热带树种）。偶数羽状复叶。花期4、5月，花黄色或深黄色。

99

100

101

102.

广玉兰

又名荷花玉兰，木兰科，常绿乔木。叶厚革质。花期5、6月，花白色，芳香。

103.

蒲桃

又名水桃，桃金娘科，常绿乔木（热带树种）。叶革质、披针形。花期3~5月，花序淡黄绿色。

104.

刺桐

蝶形花科，落叶乔木（热带树种）。叶三枚，顶部1枚大。花期3月，花深红色。

105.

玉兰

又名白玉兰，木兰科，落叶乔木。叶互生，宽倒卵形。花期3、4月，花白色，变种有淡黄色等，有芳香。

106. 107.

二乔玉兰

又名二乔木兰，木兰科，落叶小乔木。叶宽倒卵形。花期3~5月，花淡紫色，淡香。

105

106

107

108

109

110

108.

木莲

木兰科，常绿乔木（亚热带树种）。叶厚革质，长倒卵形。花期3、4月，花白色，芳香。

109.

鹅掌楸

又名马褂木，木兰科，落叶乔木，叶互生，形似马褂。花期4、5月，花黄绿色。

110.

苹婆

又名凤眼果，梧桐科，掌绿乔木（亚热带树种）。叶宽大油绿平滑。花期4月，花白色，有芳香。

111.

移椛

蔷薇科，常绿乔木。叶坚纸质。花期3、4月，花白色或粉红色。

112.

大花紫薇

又名大叶紫薇，千屈菜科，落叶乔木（亚热带树种）。叶长10~25厘米，夏、秋季花期130多天，花径5~7厘米，初花粉红后变紫色。

111

112

113

114

115

116

117

113. 114.

日本晚樱

蔷薇科，落叶小乔木。叶卵形，先端尖。花期4、5月，花粉红色，重瓣。

115.

云南樱花

蔷薇科，落叶乔木。叶卵形，缘有锯齿。早春开花，粉红色，重瓣或半重瓣。

116. 117.

西府海棠

蔷薇科，落叶小乔木。叶互生，长椭圆形。花期分品种2～5月，花粉红色，半重瓣。

118.

多花海棠

蔷薇科，落叶小乔木。叶椭圆形，先端渐尖。花期4、5月，初花朱红，渐变粉红，后变粉白色。

119.

垂丝海棠

蔷薇科，落叶小乔木。叶卵形，先端渐尖。花期4、5月，花粉红色或淡紫色。

120.

紫碧桃

又名紫叶桃，蔷薇科，落叶小乔木。叶长披针形深紫色。花期3、4月，花紫红色，重瓣。

121.

碧桃

蔷薇科，落叶小乔木。叶椭圆披针形。花期3、4月，花粉红或淡红色，重瓣或半重瓣。

122.

白碧桃

蔷薇科，落叶小乔木。花期3、4月，花白色，复瓣至重瓣。

123.

二乔碧桃

又名花碧桃，蔷薇科，落叶小乔木。先花后叶。花期3、4月，花同枝红白双色，或同花红白双色，重瓣或半重瓣。

124

125

126

124.

垂枝碧桃

又名垂枝桃，蔷薇科，落叶小乔木。枝下垂，先花后叶。花期3、4月，花有艳红、紫红、淡红、白等色，花多复瓣。

125.

桃

蔷薇科，落叶小乔木。先叶开花，花期4月，花粉红色，单瓣。变种有鲜红色、淡红、白色等。

126. 127. 128.

榆叶梅

又名榆梅，蔷薇科，落叶小乔木或灌木。先花后叶。花期4月，花淡粉红至深粉红色，单瓣至重瓣，变种很多。

127

榆叶梅

白梨

129. 130.

白梨

又名北方梨，蔷薇科，落叶乔木。花期4月，花白色密集，满树皆白。

131.

苹果

又名频婆，蔷薇科，落叶乔木。叶宽椭圆形，先端尖。花期4、5月，花白色。

132.

文冠果

又名文官果，无患子科，落叶小乔木或灌木。奇数羽状复叶。花期5月，花白色，中心黄绿至艳红色。

133

134

135

133.
夹竹桃
又名柳叶桃，夹竹桃科，常绿小乔木或灌木。叶狭长革质。花期6～9月，花红色或白色，有香气。

134.
黄花夹竹桃
又名酒杯花，夹竹桃科，常绿小乔木。叶长6～14厘米，花期5～12月，花黄色，微香。

135.
鸡蛋花
又名缅栀子，夹竹桃科，落叶小乔木或灌木。叶大，厚纸质。花期5～10月，花边缘乳白，中心艳黄色，极香。

136.
山里红
又名山楂，蔷薇科，落叶小乔木。叶三角状卵形羽裂。花期5、6月，花白色。

136

137

138

139

137.

垂枝榆

榆科，落叶小乔木。花期3、4月，翅果4、5月。

138.

流苏

又名萝卜丝花，木樨科，落叶乔木（珍贵树种）。叶对生革质。花期4、5月，花白色密集，满树皆白。

139.

杨桃

又名阳桃，酢浆草科，常绿小乔木。花期从春至秋开花4次，花淡紫色，有香气。

灌木花

140.

木瓜海棠

又名酸木瓜，蔷薇科，落叶小乔木或灌木。花期3、4月，花红色。

木瓜海棠

141. 142. 143.

贴梗海棠

又名贴杆海棠，蔷薇科，落叶灌木。花期3~5月，花朱红、桔红、粉红或白色。

144.

云南含笑

又名皮袋香，木兰科，落叶灌木。叶革质，倒卵形。花期3、4月，花白色，极香。

145.

白鹃梅

又名茧子花，蔷薇科，落叶灌木。单叶互生。花期4月，花白色。

146.

黄刺玫

又名刺玫花，蔷薇科，落叶灌木。羽状复叶。花期4～6月，花黄色，单瓣或重瓣。

144

146

145

147

150

148

149

147.
郁李
又名寿李，蔷薇科，落叶灌木。叶卵状披针形。花期3、4月，花粉红或白色。

148. 149.
棣棠花
又名地棠，蔷薇科，落叶灌木。叶互生重锯齿。花期4、5月，花黄色，单瓣或重瓣。

150.
洗李
蔷薇科，落叶灌木。叶互生。花期4、5月，花粉红色密集枝条簇生。

151.
丰花月季
蔷薇科，落叶灌木。花期4~11月连续开放，花有粉红、红色、艳红色。

152.
菱叶绣线菊
蔷薇科，落叶灌木。花期5、6月，花白色。

153.
绣球花
又名斗球，忍冬科，落叶灌木。单叶对生。花期春夏季，花白色。

154.
琼花
又名八仙花，忍冬科，落叶灌木。叶对生椭圆形。花期4月，花序周围不孕花白色，中部可孕花淡绿色。

155

155.

猬实

忍冬科，落叶灌木。单叶对生。花期5、6月，花有粉红、紫红和边缘白色，中心桔黄有白斑。

156. 159.

锦带花

又名海仙花，忍冬科，落叶灌木（温带树种）。叶对生短柄椭圆形。花期5、6月，花粉红色、淡红色、白色等。

156

157.

紫荆

又名满条红，苏木科，落叶灌木或小乔木。单叶互生，心形。花期4、5月，先叶开花，紫红色。

157

158.

云实

苏木科，落叶灌木。二回羽状复叶。花期4、5月，花黄色。

160.

金银木

又名金银忍冬，忍冬科，落叶灌木。单叶对生，长4~12 厘米，花期5、6月，花白变黄色，淡香。

161.

洋金凤

又名金凤花，苏木科，常绿灌木或小乔木（热带树种）。
二回羽状复叶。花期最长，可全年开花，花黄或橙红色。

158

159

160

161

162

163

164

165

166

167

162.
金合欢
又名鸭皂树，含羞草科，直立灌木（热带树种）。二回羽状复叶，硬革质。秋季开花，黄色，极香。

163.
红千层
桃金娘科，常绿灌木。叶革质线状披针形。花期5~7月，穗花顶生似刷，红色。

164.
银柳
又名银芽柳，杨柳科，落叶灌木。早春先花后叶，花序密被白色绒毛。

165.
美蕊花
含羞草科，常绿灌木或小乔木（热带树种）。羽状复叶。秋冬季开花，紫红色。

166.
黄栌
又名红叶树，漆树科，落叶灌木或小乔木。单叶互生，宽卵圆形，秋叶红艳。花期4、5月，淡紫红色。

167.
米兰
又名米仔兰，楝科，常绿灌木或小乔木。奇数羽状复叶。花期夏、秋季，花黄色，小而密，极香。

175

176

177

168.
白丁香
紫丁香变种，落叶灌木或小乔木。单叶对生。花期4、5月，花白色，清香四溢。

169.
紫丁香
木樨科，落叶灌木或小乔木。单叶对生，花期4、5月，花紫红色、紫蓝色等，变种有30多个。香气飘逸。

170. 172.
太平花
又名山梅花，山梅花科，落叶灌木。叶互生卵圆形。花期5、6月，花白色，有香气。

171.
重瓣紫丁香
木樨科，落叶灌木或小乔木。单叶对生，花期4、5月，花紫红色，芳香。

173.
檵木
又名桎木，金缕梅科，常绿灌木或小乔木。小叶卵形互生，花期3、4月，花乳白色。根、叶、花、果入药。

174.
紫薇
又名痒痒树，千屈菜科，落叶灌木或乔木。单叶对生。花期春、夏、秋三季，花色有淡紫、粉紫、深紫等色。

178

179

180

181

175. 178. 179.

迎春

又名迎春花，木樨科，落叶灌木。小叶对生，早春叶前开五瓣 花，花期3月， 花黄色。

176. 177.

连翘

木樨科， 落叶灌木。小叶对生。早春先叶开四瓣花， 花期3月，花黄色。茎、叶、果、根均可入药。

180.

风铃花

又名金铃花，锦葵科，常绿灌木或小乔木。单叶互生。花期5~10月， 花桔红色有脉纹。

181.

吊篮花

又名拱手花篮，锦葵科，常绿灌木或小乔木。叶互生卵圆形。全年开花， 红色。

182.

黄花扶桑

扶桑变种，锦葵科，常绿灌木。还有粉红色、白色等。

183. 187.

灰莉

马钱科，常绿灌木。叶革质，花期夏季，花白色，芳香。

184.

栀子

又名白蟾花，茜草科，常绿灌木。叶对生，革质。花期4、5月，花白色，芳香。

185. 186.

扶桑

又名桑槿，锦葵科，常绿大灌木。叶互生阔卵形。终年有花，花红色、深红色。

188.

九里香

又名千里香，芸香科，常绿灌木。奇数羽状复叶。花期夏秋之间，花白色，极香。

189

190

189.

黄钟花

紫葳科，灌木，叶纸质缘钝锯齿，花期6、7月，花黄色。

190.

黄蝉

夹竹桃科，常绿直立灌木。叶轮生3~5片。花期5、6月，花黄色。

191.

可爱花

爵床科，常绿灌木（热带植物）。叶对生，脉凹。花期冬春，小花淡蓝色。

192.

玉树珊瑚

又名佛肚树，大戟科，落叶小灌木。叶大盾状近圆形。聚伞花序顶生，桔红色。

193.

刺五加

又名五加皮，五加科，落叶灌木。互生掌状复叶。花期5、6月，小花黄色或淡黄色。

191

192

193

194.

叶子花

又名三角花，紫茉莉科，常绿攀援灌木。单叶互生。花期三季，花顶生，苞片叶状，有红、紫、粉、黄等色。

195.

红桑

又名铁苋菜，大戟科，常绿灌木。叶互生阔卵形。红色或鼓铜色。穗状花序，淡紫色。

196.

一品红

又名圣诞花，大戟科，直立灌木。顶叶轮生，红色。花期圣诞节至元旦。小花有红、黄、粉色等。变种有一品白，一品粉等。

194

195

196

197

198

199

藤本花

197．198．

虎刺梅

又名叶仙人掌，大戟科，多刺攀援落叶灌木。叶着生嫩茎。2个聚伞花序生于枝顶，花期3～12月，花桔红或红色。

199．200．

野蔷薇

又名多花蔷薇，蔷薇科，落叶藤本灌木。小叶5～11枚。花期5～7月，花粉红色、桃红色、玫瑰色、桔红色、白色等。

野蔷薇

201

201. 202.

野蔷薇

又名多花蔷薇，蔷薇科，落叶藤本灌木。小叶5～11枚。花期5～7月，花粉红色、桃红色、玫瑰色、桔红色、白色等。

202

203.

大花凌霄

紫葳科，落叶藤本。奇数羽状复叶。花期6、7月，花深粉红色，内桔红色。

204.

美国凌霄

紫葳科，蔓长藤本。花期7~9月，花红色。

205.

重瓣黄木香

蔷薇科，半常绿攀援灌木。花期5、6月，花黄色，芳香。

206.

重瓣白木香

蔷薇科，半常绿攀援灌木。奇数羽状复叶。花期5、6月，花白色，芳香。

203

204

205

206

207

208

209

207.

盘叶忍冬

又名贯叶忍冬，忍冬科，落叶藤本。花期4、5月，花橙红色。

208.

炮仗花

又名炮仗红，紫葳科，常绿藤本。花期4、5月，花红色。

210

211

212

209. 210. 211.

紫藤

蝶形花科，落叶木质大藤本。奇数羽状复叶。春秋两季开花，有白、紫、蓝等色。

212.

倒挂金钟

又名吊钟海棠，柳叶菜科，半灌木攀援植物。花期4、5月，花有白、粉、红、紫、蓝等色。

213. 215.

大花铁线莲

毛茛科，攀援藤本。花期5月，花有白、粉、淡紫色等。

214.

长春花

夹竹桃科，多年生草本或一年生亚灌木。花期7月，花有玫瑰红、黄色等。

雏菊

所谓“环境花卉”，主要是对绿化美化城市而言。由于人为的缘故，城市生态环境日趋恶劣，那些开阔场地的垃圾堆，水域被污染的臭水，人流拥挤的街巷以及空中窒息的气体等，人们总要怪罪一些人的素质。花卉以其美好的形象，确实起着提高人们精神素质的作用。不妨想象一下，假若满街是花，遍地草坪，我们周围的环境，除了草坪就是花丛，与其直观垃圾和臭水的感觉相比，定会让人心情舒畅的多。由此而言，环境花卉的涵义，便不言而喻。

环境花卉的另一层意思是，基本概括草本植物，或在草坪之中，或在绿地边缘，总之是属于草地或者叫露地植物的范畴。简言之，环境花卉，主要是绿化环境的草本花卉，它包括一、二年生、宿根类、球茎类、肉质多浆类以及地被植物等。

这里把草本花卉归纳为露地植物，主要是根据其多数植株低矮，当然也有较为高大的草本花，如蜀葵高可达3米。但一般锦葵科植物也都在60～80厘米之间。也就是说，在人的视线之下，这是“植物造景”必须研究的重要因素。

植物景观可分高、中、低三层效果，即高层主要是乔木，中层为灌木，低层则以草本为主。由高、中、低，乔、灌、草组成的立体植物景观，是园林植物配置的标准设计方式。如果你是一位有艺术头脑，又富有创新能力的设计家，完全可不被传统的设计方式所束缚，完全可在低矮的草本植物上大作文章，设计出全新概念的城市绿地。这才是真正的“植物造景”的准确概念。

草本花卉在环境设计上，大有可为。我们知道，通常在园林绿化中的“花径”、“花带”、“花坛”、“花台”、“花境”、“缀花草坪”等绝大多数都是用草本花卉组成的。这其中的“花带”和“花境”，就是根据自然界或森林内外野生草本花卉的生长状态，加以创作设计，植于城市之中。并特意选择不同花期、不同季相，达到从初春到秋末都可有花。人工模拟野生花境的要求，也对植株高矮、形态、色彩都很讲究，特别是在一片花境中，应出现丛植、散植变化不同，乃至无定规律的自然植株。也就是在园艺中常讲的“虽由人作，宛自天开”的效果。这是现代园林最基本的对草本花卉的应用方法。

对环境花卉设计上大有可为的另一层意义是“创新”，是在模拟自然的基础上的创新。比方说，我们第一次见到街上的“花柱”时，可能感到很新颖，大家都去模仿它。当1999年昆明园艺世博会之后，北京的街头出现“花柱”、“花球”，当时给了北京人一些新鲜感。而过后不久，人们便议论纷纷，认为它很像“障碍物”。特别是冬季，上面出现了假花，给人一种说不出的难以接受的感觉。这些教训，在环境花卉设计上，应引以为戒。因此，创新不是模仿，是在完全没有先例的基础上，凭着自己的灵感，创作出合乎自然的花卉绿地。这要求园林设计家到大自然中去考察，去体验生物与大自然的关系。这里说的“考察”，不是“旅游”，不是“走马观花”，也不是“下马看花”，而是脚踏实地，要在有花有草的旷野上住上一阵子，感受一下野花野草的境界，那种清新、宁静、幽香，并有蜂蝶、昆虫、鸟兽等生命活跃，而又神秘的自然天地。如果你住在大草原上，当头顶一片乌云，即刻一场雷雨，你会对那里的雷暴和闪电，留下永不磨灭的印象；如果你住在高原草甸，你会对那拂晓的霞光和那蓝天白云，留下永不消逝的记忆。可以说，这些时光，都是灵感暴发的时机。如果没有这样的经历，很难称得起是一位园林设计的“艺术家”。这经历，会使你把原野“搬进”城市，这经历，会使你把丘陵“移到”居住小区，这经历，会使你对城市绿地的设计更大胆地去依赖露地植物，把草本花卉应用得“无须管理”，也会有无限的生机。

草本花卉在抗生能力上更优越于木本植物。在自然条件下，草本植物常常会倔强地生长着。唐诗，白居易的《草》：“野火烧不尽，春风吹又生”的直叙意思，就是说野草的生命力。可见，草本花卉不仅是城市绿地的好材料，也是“立体绿化”、“家庭养花”的优选良种。

我们常见的立体绿化，主要是阳台、墙面和屋顶的绿化。由于植物的常规栽培，主要靠土壤，而立面生长不可能用土，只是借助于阳台的平面层次，阶梯式发展，而阳台受面积和重量的限制，又只能用有限的容器或土质，所以在选种上，特别要求成活率和效果明显的材料，这也是草本花卉的特点。

家庭养花，在城市一般规模较小，除楼房阳台养花，按目前国内水平，很少独门平房院落，家庭花园便更稀有。从实际出发，主要是盆栽养花，所以易于更新的草本花卉，也是首选材料。可以粗略估计，在上千万人口的城市，如果家家都有几盆花，那将也是不得了的绿化效果。

根据草本花卉易于栽培、成活率高、生长迅速，而又品种繁多、花色鲜艳等特点，不仅在绿化美化环境中，占据着主导地位，还用大量的切花统治着花卉市场，可以说是人们实用花卉中的上品了。

芙蓉葵

216.
雏菊
又名春菊，菊科，多年生草本。叶基部簇生。花期3～6月，花黄色。变种有白色，粉红，紫红等色。

218．219．220．
221．222．223．
小菊
又名地被菊，菊科，多年生草本。花期从秋至冬，花有黄、粉、红、紫等色。又分早小菊（露地栽培），晚小菊（盆栽造型）。

218

219

220

221

222

223

224

225

226

227

229

228

224. 波斯菊

又名大波斯菊，菊科，一年生草本。叶对生，二回羽状全裂。花期9、10月，花粉红、淡红、淡紫色等。

225. 孔雀草

又名小万寿菊，菊科，一年生草本。叶对生羽状分裂。花期6月至降霜。花黄至桔红色。

226. 万寿菊

又名蜂窝菊，菊科，一年生草本。叶对生羽状分裂。花期6~10月，花黄色。变种有橙黄、橙红等色。

227. 大丽花(小丽花)

又名西番莲，菊科，多年生草本。花期6~10月，花有白、黄、粉、红、紫等色。

228. 蓬蒿菊

又名茼蒿菊，菊科，常绿亚灌木。单叶互生，二回羽状深裂。2~4月为盛花期，花有白、淡黄、桔黄等色。

229. 紫鹅绒

菊科，多年生草本（热带植物）。叶茎被紫红色绒毛。花期4、5月，花黄至桔黄色。

230. 报春花

又名樱草，报春花科，多年生草本。叶丛基生莲座状。花期冬春，花有白、粉、红、紫等色，有香气。

231. 232. 多花报春

又名欧报春，报春花科，多年生草本。花期冬春，花有白、粉、红、紫、黄、蓝等色。

230

231

232

233.

石竹

石竹科，多年生草本。叶对生线状披针形。花期4、5月，花色五彩缤纷。同属有300多种。

234.

矮雪轮

又名小红花，石竹科，二年生草本。叶对生，互抱茎节部，花期4～6月，花深粉红色。

235.

大花马齿苋

又名半支莲，马齿苋科，一年生肉质草本。叶肉质匙形。花期6、7月，花紫红色，中心黄色。

236.

罂粟

罂粟科，一二年生直立草本。叶基生，上部叶抱茎。花期6、7月，花红色。

237.

虞美人

罂粟科，一二年生草本。叶羽裂互生。花期5、6月，花有白、紫红等色。

238.

紫花地丁

堇菜科，二年生草本。植株矮小，叶根出。花期3、4月，花紫蓝色。

239.

红蓼

又名水红花子，蓼科，一年生草本。叶宽椭圆卵状披针形。花期6～8月，花有白、淡红、红色。

236

237

238

239

海芋

241

242

243

草本花　宿根类

240.

海芋

天南星科，多年生草本（观叶植物）。叶大箭形。佛焰苞片黄绿色，假种皮红色。

241. 242. 243.

花毛茛

又名波斯毛茛，毛茛科，多年生草本。基生叶缘钝齿。花期4、5月，花有黄、橙、白、粉、红、紫红等色。品种很多，分单瓣、重瓣、多重瓣等。

244
245
246
247

244．245．248．249．

芍药

又名婪尾春，多年生宿根草本。二回三出羽状复叶。花期5月，花有淡紫、粉红、紫红、深红等色。品种类型很多，可分单瓣型、重瓣型(244)、台阁型(245)、皇冠型(248)、菊花型(249)、玫瑰型等。

246．247．

芙蓉葵

又名草芙蓉，锦葵科，多年生草本。单叶互生。花期6~8月，花有粉、紫红、白色等。

250．

地涌金莲

又名地金莲，芭蕉科，多年生常绿草本。叶大型，长椭圆形如芭蕉。花期长达8~10个月，花序莲座状，苞片黄色。

248

249

250

251.

矮牵牛

茄科，一年或多年生草本。花期4～10月，花有紫、红、蓝色等。

252.

白鹤芋

天南星科，多年生草本。叶片长圆，缘波状，深绿色，四季长青。春夏开花，肉穗花序乳黄色，佛焰苞片初绿变黄最后白色。

253.

耧斗菜

又名耧斗花，毛茛科，多年生草本。叶基生及茎生。花期5～7月，花白色。

254.

蜀葵

又名熟季花，锦葵科，多年生草本。叶缘5～7浅裂。花期6～8月，花有粉、白、红、紫等色。

255.

美女樱

又名铺地锦，马鞭草科，多年生草本。叶先端钝圆齿。花期4～10月，花有白、粉、红、紫蓝等色。

256.

细叶美女樱

马鞭草科，多年生草本。叶羽状深裂条形。花期4月至降霜，花玫瑰紫色、粉色、白色等。

257.

大花酢浆草

酢浆草科，多年生草本。叶自基部丛生。花期7～10月，花深桃红色。

258.

多花酢浆草

酢浆草科，多年生无茎草本。叶根丛生。花期6～10月，花淡紫红色。

259

259.

四季秋海棠

秋海棠科，多年生草本。叶互生有光泽。花期3、4月，花有粉红、红色等。

260.

裂叶秋海棠

又名红天葵，秋海棠科，多年生草本。叶薄，不规则5~7浅裂。花有红色、粉红色。

260

261.

金鱼草

又名龙头花，玄参科，多年生直立草本。叶披针形。花期5、6月，花有白、黄、红、紫等色。

262.

虾衣花

又名虾衣草，爵床科，常绿亚灌木。叶基部楔形，常年开花，穗状花序顶生，黄绿色宿存苞片，花白色。

263.

蒲包花

玄参科，多年生草本。叶对生卵状椭圆形。花期2~5月，花有乳白、黄、橙色等。

261

262

263

郁金香

草本花　球茎类

264. 265. 266.

郁金香

又名洋荷花，百合科，多年生草本。叶3~5枚，基生2、3枚。花期春夏，花单生茎顶，杯状，洋红色。也有粉红、黄、橙、紫红、黑等色。

267.

鹰香百合

百合科，鳞茎近球形。叶散生，长窄披针形。花期5、6月，花蜡白色，茎部淡绿，形似喇叭状，极香。

268.

吊兰

又名挂兰，百合科，常绿宿根草本。叶条状披针形，基部抱茎。花期4、5月或春、夏、冬，总状花序单一或分枝，花白色。

269.

风信子

又名洋水仙，百合科，多年生草本。叶4～6枚基生。花期3、4月，总状花序，花有白、粉、黄、红、蓝等色，有芳香。

270

271

272

270.
丝兰
百合科，常绿灌木。叶基部簇生，革质。花期6～8月，圆锥花序，花白色。

271.
鸢尾
又名蓝蝴蝶，鸢尾科，多年生草本。叶剑形，薄质。花期5月，花蓝色或蓝紫色。

272.
唐菖蒲
又名菖兰，鸢尾科，多年生草本。叶硬质剑形。花期夏、秋季。花有白、黄、红、紫等，五彩俱全。

273.

马蔺

又名马兰花，鸢尾科，根茎粗壮，叶细长坚韧，簇生。花期4~6月，花淡蓝紫色。

274.

葱兰

又名葱莲，石蒜科，多年生常绿草本。叶基生，线形。花期7~11月，花白色带红晕。

275.

狭叶牵牛

旋花科，一年生缠绕草本。叶条形，基部二翅。花漏斗状，茎5~6厘米，粉红色，喉部白条纹。草地丛生，绚丽多彩。

276.

贝母

百合科，多年生球根花卉。叶线状披针形。花生茎顶，绿白色或黄绿色。

277.

红花石蒜

石蒜科，多年生草本。叶线形，花基部抽出。花期8、9月，花红色。

278.

朱顶红

又名百枝莲，石蒜科，多年生草本。叶对生阔带状。花期5、6月，花红色。

276

277

278

279

280

281

279.

玉簪

又名玉春棒，百合科，多年生草本。叶大基生成丛，心状卵形。花期7~9月，花管状漏斗形，白色。

280.

毫华凤梨

凤梨科，多年生常绿草本。叶基座丛生。花序扁平，有分枝，深红色。

281.

艳山姜

姜科，多年生常绿草本。叶革质。花期5、6月，花冠白色，内黄色，有紫色脉纹。

草本花　多浆类

282.
令箭荷花
仙人掌科，附生类植物。分枝扁平令箭状。不定期开花1～2天，花有紫红、黄、蓝、白等色。

283.
蟹爪兰
又名蟹爪莲，仙人掌科，肉质植物。分枝蟹爪状。早春开花，花有橙、红、桃红及白色等。

284.
仙人掌
仙人掌科，多肉植物。茎节扁平，基茎近木质。夏季开花，花单生，黄色或橙色。

285.
仙人柱
仙人掌科，多浆植物，茎直立，具 6 或 8 角棱。夏秋开一日花，喇叭形，白色，有香气。

286.
星球
仙人掌科，多浆植物。植株扁球形。春季开花，花白色红心或黄色红心等。

287.
龙舌兰
龙舌兰科，多年生肉质大草本。叶丛生，花序圆锥形，淡黄绿色。

星球

向日葵

索 引

中国十大名花……12

………梅花………………11

………牡丹………………19

………菊花………………24

………兰花………………28

………月季………………31

………杜鹃………………37

………山茶………………41

………荷花………………43

………桂花………………51

………水仙……………52

观赏花木精华…54

………乔木花…………53

………灌木花…………75

………藤本花…………91

环境花卉上品…98

…草本花 一二年生…102

…草本花 宿根类…109

…草本花 球茎类…117

…草本花 多浆类…123

后 记

当本书文稿即将完成时，正遇(6月5日)“世界环境日”，国务院总理朱镕基发表了电视讲话，指出：“我们必须认真实施可持续发展战略，把环境保护和生态建设放到更加重要的位置。……大力植树种草，搞好水土保持，改善生态环境”。同时各媒体传来喜忧兼半的信息，报纸再次公布地球人类“十大困惑”：“全球变暖；臭氧层破坏；生物多样性减少；酸雨蔓延；森林锐减；土地荒漠化；大气污染；水体污染；海洋污染；固体废物污染”。电视新闻报导：杭州城以崭新面貌改变外国人对杭州“风景美，城市破”的印象，经过拆除违章建筑等环境治理，变为清洁优美，名副其实的“人间天堂”；内蒙古赤峰敖汉旗经过20年治沙保水工程，变沙漠为绿洲，成为全国的典型。正如朱总理所说：“我们相信，通过全国人民坚忍不拔的努力，就一定能够使中华大地水更清，天更蓝，山川更加秀美”。

本书编撰过程中，参阅了大量报刊、杂志、电视新闻、专题和有关技术书籍、资料等，由于时间过长，没能统一整理集中，对所查阅信息、数据，恕无法逐一例举。在此仅以本书作为一束鲜花，献给诸位作者，以表崇高的敬意和感谢！

作者

2000年6月10日